SHANGHAI OUTSTANDING YOUNG

ARCHITECTS

2018 年上海市建筑学会成立六十五周年评选活动

上海市杰出中青年建筑师之十二 • 柳亦春

上海市建筑学会

The Architectural Society of Shanghai China

建筑是连接心灵与土地的结构

柳亦春

Liu Yichun

中国建筑工业出版社

评选专家委员会

主 任：

全国工程勘察设计大师 沈 迪

专 家：

中 国 工 程 院 院 士
全国工程勘察设计大师 魏敦山

全国工程勘察设计大师 时 匡

全国工程勘察设计大师 汪孝安

全国工程勘察设计大师 赵元超

全国工程勘察设计大师 丁洁民

丛书序 PREFACE

上海伴随着改革开放近四十年的城市建设发展日新月异，浦江两岸新老建筑相映成辉，历史的传承和时代的发展使上海更具有文化的内涵和城市的魅力。在这振奋人心的时代里，在一大批优秀建筑的背后是一群富有创作热情、具有世界眼光、勤勉努力的中青年建筑师。他们已经成为当下行业内的中流砥柱，他们继承着前辈的匠心，把握着时代的脉搏，他们有着新一代独到的理论见解和创作思想。

2018 年正值上海市建筑学会成立 65 周年，六十多年来，学会汇聚了大批建设领域的专家和精英，他们积极参与上海市及全国各地的建设，为城市化建设与发展做出了卓有成效的贡献。值此 65 周年之际，本会向全社会发起了“上海市杰出中青年建筑师”评选活动，旨在表彰一批在建筑设计领域取得突出成就和做出重要贡献的中青年建筑师们，以此鼓励上海市中青年建筑师奋发进取、锐意创新的精神。

“上海市杰出中青年建筑师”评选于 2018 年 7 月 26 日正式启动，共收到来自 53 家设计院所、高校的 150 余名中青年建筑师的竞选申请；此次评选经过社会网络投票，唤起了行业内外对城市建设和建筑师的关注。其中网络投票页面访问次数达到 870 万次，累计投票次数超过 220 万次。最终，由院士、大师组成的评审专家委员会于 11 月 7 日推选出了 20 名“上海市杰出中青年建筑师”。

“上海市杰出中青年建筑师”系列丛书的出版，既展示了上海中青年建筑师们的学术水准、创作业绩及个人风采，也鼓励其创新精神和社会责任感。促进其能够与国际接轨，提升其社会影响力，为中国建筑业增添绚丽的色彩。

上海市建筑学会理事长

建筑是连接心灵与土地的结构

目录 CONTENTS

FOREWORD

王辉

URBANUS都市实践创建合伙人

近二十年来发生在中国、对于世界也是史无前例的城市化，使世界看到了一批有才华的中国建筑师，他们让中国建筑开始走向世界。然而，随着他们的作品不断井喷式地涌现，世界对中国的要求也已经不局限于高水准的建筑，还会苛求在中国优越的创作机会下，中国建筑师需要拿出经得住时间的考验、能够写进历史的教科书般的新建筑。这是当下中国建筑师不得不直面的问题，也是柳亦春和大舍建筑设计事务所敢于挑战的使命。承担它需要勇气、毅力和远见。

中国当下缺乏的不是有特色的建筑作品，而是大多数比较好的设计还缺乏“作品性”，也因此使得中国当下绝大多数建筑创作没有建筑史上的意义。这种“作品性”必须包含三个特征：第一，它不是偶然的创作，而是建筑师设计思想和手段的再现；第二，它能够有独到的切入点，并以此为支点展开丰富而又能聚焦的话题；第三，它有敏感的问题意识，能够通过解决一个特殊的问题而引申到更大的解决方案。

我们可以循着这三个角度来解读柳亦春的作品。首先，近二十年来，柳亦春的建筑设计在整体上有其越来越可识别的个性化风格，从早期形式上的“轻”与“清”，逐渐成熟为体系化的应对结构、材料、构造、空间、环境等建筑要素而生成的综合策略和基本方法，体现出恒定的审美意识与创作品质。其次，当这些综合策略在实践的演进中屡试不爽时，柳亦春没有把它们固化为范式而堕入手法主义的泥潭，却是自觉地把这种偏于手法主义的设计倾向转轨到对建筑本体性的思考，尤其是近年来他能够从建筑史的视角把创作方向聚焦在对结构的当下性解释，并形成了文献研究、国际交流、跨界合作和专业配合的体系，把建筑创作手法从一般性推到特色性，勇于探索一条有原创性的学科发展之路。最后，也是最重要的是，柳亦春的这种个性化的、特殊的视角，并不是个案化的，而是可以应用到全波段的项目类型，因为结构恰恰是所有建筑都涉及的基本问题。

01 序言

然而，柳亦春的使命绝对不是去解决结构问题，更何况建筑也不只局限于结构问题，甚至更准确地说，有共识的经济性和适用性的结构选型原则已经使绝大多数结构问题不成问题。事实上，柳亦春在表象上以结构为支点的努力，是在攀登一座建筑学险峻的高峰，即探究建筑作为“物自体”的内在意义，以及这个“物自体”外在的时代意义。在内在性上，他的“即物性”理论有特殊的创见；而对于其外在性意义，评论界还意识不足，这里我再多作一点补充。回到为什么中国当代的好建筑不能够位于世界建筑的第一方阵的问题，其根本原因在于在资本驱动下的当前社会对于好建筑（抛开一般性、大路货建筑）的最大价值需求是其交换价值（例如建筑对于品牌的附加值），甚至都不是好的使用价值。在这样的显性和隐性意识下，几乎所有项目漠视了最有意义的建筑学价值点，能够站在建筑学的历史和世界视野上、以发展学科为使命的建筑师也非常鲜见。因此，柳亦春似乎剑走偏锋的个性化努力，反而点醒了一个有专业价值的方向，为当下中国建筑师要有世界性贡献树立了一块标杆。事实上，世界同行对他的认可也是基于这一点。

显然，作为有理论意识的柳亦春，近年来以结构和构造为抓手的“即物性”设计方向，看似很另类，却无意识地回归到了这一代建筑师的使命。正如康德说：“美是无目的的合目的性。”要实现这样永恒的美，需要勇气、意志和远见。

MAIN EXPERIENCE

A path concerning Architecture

02

主要从业经历

一条有关建筑学的道路

在美国加州辛德勒自宅室内 1999 年

在高三那年决定高考选择建筑学专业的那一天，我在平时的空白草稿本的封面上画了一幅名为“故乡门前的石子路”的一幅钢笔画。有一个院墙和树木掩映的坡屋顶，有一个院门，以及院门前弯曲的石子路。我没有选择城市规划、风景园林、室内设计或者工业与民用建筑这个很容易误导进入结构系的专业，似乎也没翻阅什么资料，我从字面理解认为，那个最高级的专业，一定是“建筑学”。从此在我心中，建筑学一直就是一个神圣的领域所在。

当然从事建筑师这门职业之后，日常的工作并非都是那么的建筑学，但是至今算来大约 28 年的从业历程，我应该还从未放弃过为自己寻找能够最纯粹地进入建筑学的道路所在。1991 年大学本科毕业，作为免试研究生，我并没有直接进入研究生的课程学习，而是选择了保留学籍，先南下广州，在广州市设计院做了三年的助理建筑师，之后才返回同济大学进行硕士研究生的学习。我是想，建筑学是一门实践学科，如果能先经历一段实践，在实践中捕捉些问题，积累些感性认识，再去做研究，会更好一些吧。在广州的三年时间里，亲历了最早进入改革开放的珠江三角洲的快速发展，也留意到个人建筑师事务所的萌芽。

在广州的三年对我影响最大的有两个人，一个是我的学长史磊，他对我在广州的生活和工作给予了无私的关怀，我们也一起在工作之余，于 1993 年在广州流花湖畔的流花西苑创建了 deshaus（德语“与房屋相关的”）西苑创作室，经历了一段摇滚乐和业余设计的快乐生活。深刻影响我之后的建筑道路的另一个人是当时广州市设计院的副总建筑师蔡德道先生，他不仅在专业上谆谆教导，也敦促我在三年保留学籍期满时没有为广东良好的工作机会和丰厚的收入所诱，还是回到了上海。那时蔡先生经常出席国内各种重要的建筑设计评审，回来就给我讲那些项目为什么这个中标为什么那个没中，在评审时有什么争论以及一些业内八卦等。1991 年～ 1994 年，正是中国建筑逐渐对外开放的早期，那些项目包括上海大剧院、金茂大厦等。至今给我印象最深的有两点：一是项目的总平面，如果没有周边城市研究，主入口的位置不合理，或者车行入口不对，建筑设计得再好看也是硬伤。还有就是他说，以前设计低层、多层建筑时，建筑的外部多追求与内部的对应，但是从高层建筑开始，建筑采用幕墙之后，建筑的外立面和内部结构就越来越不那么对应了，甚至完全没有关系，这个表皮建筑的现象值得注意。蔡先生也是我硕士论文的副导师，在那些讨论的背景下，他建议我的论文可以写写高层建筑，因为以后高层建筑会

在广州流花西苑 deshaus 工作室门前
1993 年

越来越多。于是还在广州的时候，在蔡先生的指导下，我就确定了我的硕士论文题目为《从高层到超高层建筑的设计合理性》，而我在同济的硕士导师戴复东先生也非常赞成，那一年，我们这一届由戴先生指导的硕士研究生论文全部是从各个角度研究高层建筑的。虽然毕业之后这些年我几乎并没有设计过高层建筑，但是在论文中，关于建筑的环境、结构、机电设备的整体性思考，如今再看已经深刻地影响到我今天的设计思想。

研究生的三年也是轻松快乐的。那时与从我做小班主任时的学弟变为研究生的同学的庄慎等人一起租住在同济附近的虹连大楼里，写论文做设计都是无比迅速和简单的事情，今天回想那时的业余生活，不禁深觉今日之乏味与无趣。研究生也是以最优异的成绩毕业，和庄慎一起进入了同济大学建筑设计研究院工作，那时我俩还商量过，是否能以我俩的努力为同济的设计添些光彩，做些能流传后世的作品出来。却也终于意识到制度下的困境，也意识到建筑师作为一个创作型职业，其独立与自由思想之重要。1999 年的一次短期 4 个月的访美之旅也让我坚信了这一点，那几个月里我平时是在洛杉矶的 RTKL 事务所工作，在周末以及结束工作后的 20 多天里，我累计旅行去了 15 个城市，看遍了路易斯·康、赖特、密斯、格罗皮乌斯、柯布西耶、阿尔瓦·阿尔托、鲁道夫·辛德勒、沙利文、菲利普·约翰逊、贝聿铭、詹姆斯·斯特林、伦佐·皮阿诺、弗兰克·盖里、纽约五人组等等以前只能在杂志上看到的建筑师的作品，好与不好，喜欢什么不喜欢什么，开始有了明确而肯定的认识。那时 RTKL 事务所的建筑师还在嘲笑斯蒂文·霍尔只会画点小水彩，然后根本不知道阿尔瓦罗·西扎或者彼得·卒姆托是谁。我在纽约旅行时遇到还在贝聿铭事务所（PCF）工作的建筑师钟文凯，他托我回国寄一本张永和的《非常建筑》给他，作为回报，他寄给我了一本柯布西耶的原版作品集。第二年，也就是进入同济设计院的 4 年后，我和庄慎、陈屹峰先后离开了同济设计院，开始了独立事务所的大舍时代，英文仍然延续了之前的 deshaus，作为对为了理想而创作的那个始于流花湖畔的小小工作室的纪念。大舍是 deshaus 的谐音，“舍”也是最早的中国关于房屋的象形字。作为祝贺，钟文凯又寄了一本库哈斯的新书——《巨变》（Mutation）。

在很短的几年内，大舍通过具有创造力的作品迅速受到国内外建筑界的关注。2003 年，我们的第一个作品三联宅即被邀请参加了法国蓬皮杜中心的当代中国建筑展，之后每年都会被邀请参加各种国际展览、大学讲座等等。至 2011 年，大舍的大部分作品都集中于上海的郊区，随后以西岸游客服务中心这个项目开始进入上海市区，也

在巴塞罗那德国馆 2001 年
从左至右 庄慎、陈屹峰、柳亦春

左一：本科毕业照 1991 年

前排左起：李智宏、赵秀恒、戴复东老师等

左二：硕士研究生期间与普林斯顿大学联合教学项目 1995 年

前排右起：王伯伟、赵秀恒、Mario Gandersonas、卢济威老师等

右：在美国林肯郡格罗皮乌斯自宅 1999 年

上：法国前总理拉法兰在法兰西建筑学院颁发中国新锐建筑奖
从左至右：Martin Robain 、柳亦春、Jean-Pierre Raffarin 2008 年
下：在哈佛大学设计学院讲座《structure matters》 2016 年
从左至右：柳亦春、 Iñaki Abalos、Mohsen Mostafavi

就是后来的龙美术馆西岸馆。龙美术馆西岸馆 2014 年 3 月竣工开幕，在开幕当天即受到来自 CNN 等各种国内外媒体、艺术家和建筑学者的关注，CNN 在报道中称之为中国的古根海姆或者惠特尼，这是迄今为止大舍最具影响力的作品，在超过 26 个国家的建筑与时尚杂志上发表，它也开启了我对于建筑学中结构、地形、尺度、废墟等多层面的持续思考，尤其在结构应在建筑中如何发挥作用以及与结构师的合作上，对中国当代建筑以及建筑师也都产生了有益的影响。2012 年起，我受聘同济大学建筑城市规划学院的客座教授参与复合型创新人才实验班的三年级春季班课程教学，以“场所 / 结构 / 空间”为主题，通过引导结构介入建筑与城市并参与空间与场所的构建，培养学生们在设计中的结构意识。2015 年，我与结构师张准以及郭屹民博士成立和作结构建筑研究所，也是为了更好地推广结构与建筑紧密结合的实践，这种结合并不仅仅是技术上的，更多的是理念和思想的探讨。2015 年我在《建筑师》杂志发表文章《结构为何》，2016 年在《时代建筑》杂志发表文章《内在的结构与外在的风景》，2016 年 4 月，又受到哈佛大学的邀请，作为第三位站在哈佛设计学院 Piper 讲堂上的中国当代建筑师，做了题为“Structure Matters”的讲座，自此，结构与建筑的关系、建筑师与结构师如何在超越技术的层面上展开合作，这方面的议题开始得到广泛关注。2018 年，英国 Architectural Design 杂志发表了我的论文《Responsive Structure——Architecture as a Thing-scape》，在我的建筑实践中，对结构与即物性的关系也开始了有意识的思考，这一思考也延伸到关于佛光寺的研究中，去年发表于《建筑学报》杂志的文章《台基、柱梁、屋顶——从即物性的视角看佛光寺建筑的三个要素》，尝试从一个全新的视角，展开对中国传统建筑的审视与探究。

建筑设计从来都是丰富多彩的。回顾这些年我在建筑学层面的思考，总体而言还是基本概念的研究居多，所以在媒体上看到被称为“新锐”建筑师时，实在觉得这是很有些吊诡的称谓。因为基本概念通常都是在追问本质，从某种程度上，我自己是在补我读书时所受教育的局限，或者是根据当下中国建筑之状况与问题所作出的应激反应。若能在追问本质之时，也能走出一条独特的建筑学之路，那是我所期望的事情。

SELECTED WORKS

03

主要建筑作品

龙美术馆西岸馆
艺仓美术馆
大舍西岸工作室
例园茶室

Long Museum West Bund|a structure of multiple meanings

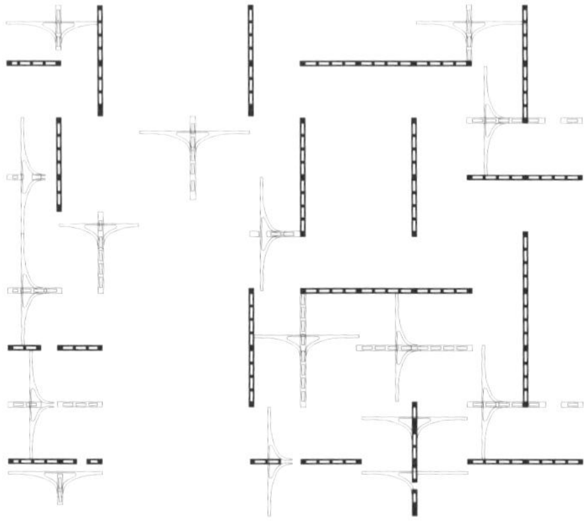

项目地点：上海徐汇区龙腾大道 3398 号
建筑面积：33007m²
设计团队：柳亦春、陈屹峰、王龙海、王伟实、伍正辉
王雪培、陈鹍、张准
设计时间：2011 年 11 月～2012 年 7 月
建成时间：2014 年 3 月

龙美术馆西岸馆｜多重意义的结构

龙美术馆西岸馆所在的基地曾经是黄浦江边运煤的码头。场地中有一座被保存下来的20世纪50年代所建的煤料斗卸载桥，尺寸约为长110m、宽10m、高8m，同时有两年前已经施工完成的两层地下停车库，所以实质上这也是一个改建项目。它所面临的建筑问题是如何将一个车库的空间转换为展览的空间，并在现有的结构柱网下，营造上部新的符合美术馆功能使用的建筑空间。它面临的城市问题是，新建筑的介入将以怎样的方式在完成城市更新的同时，去回答和场所相关的文化与自然的延续性问题，以及借助一个美术馆，我们可以为城市营造怎样的公共空间？

新的设计采用独立墙体的“伞拱（Vault-Umbrella）”悬挑结构，呈自由状布局的剪力墙插入原有地下室并与原有的框架结构柱浇筑在一起，地下一层的原车库空间由于这些剪力墙体的介入转换为展览空间，地面以上的空间则由于“伞拱”在不同方向的连接既完整地覆盖了空间，又产生了多重意义的文化指向。是“拱”？还是“伞”？还是“树”？还是“洞穴”？在这些多重意义指向的空间下，它既给每一次艺术展览带来某种限定性，又同时给它们带来一种开放性，甚至是开拓性，每一次展览都是独一无二的。

机电系统都被整合在“伞拱”结构的空腔里。地面以上的“伞拱”覆盖了一个方形的场地，形成了室内的空间，室内的墙体和顶棚均为清水混凝土的表面，它们的几何分界位置是模糊的，因而形成了非常独特的具有某种庇护感和自由感的空间体验。这种体验是能够跨越文化差别的，它构成了空间公共性的一部分。

结构、机电系统与空间意图的高度整合形成了一种“直白”的架构，它构成了这个建筑在材料、结构和空间上的直接性与朴素性，它和基地里现存的煤料斗卸载桥是可类比的结构。煤料斗是为了将煤从船上转入火车运输所创造的结构物，也是功能物。当原本的功能丧失，煤料斗也并无多余的东西可以被剥离，龙美术馆的建筑最终也会是这样。新建筑就以这样的方式建立了它和既有场地的工业特质、在时间与空间上以及文化意义上的接续关系，它们都以某种废墟感将现代的空间带入原始的时间性感知。

地面以上的清水混凝土“伞拱”下的流动展览空间更适合进行当代艺术的展览，地下一层由原本车库改造而成的传统“白盒子”式的连续展览空间则适合现代艺术和古代艺术展览，它们由一个呈螺旋回转、层层跌落的阶梯空间连接。这个空间是新的结构对旧有结构的“侵入”，也是上下空间的转换。既原始又现代的空间和古代、近代、现代直到当代艺术的展览陈列，这种并置的张力，以另一种方式呈现出一种具有时间性的展览空间。

美术馆本身也不再是封闭内向型的空间模式，美术馆功能空间的配备，也更多地容纳了艺术品研究、书店、图书馆、艺术品商店、餐厅、咖啡厅、培训教室等更具开放性、更具公众参与性的公共空间，这些空间被直接配置在美术馆的外部，与保留的可穿越的“煤料斗”公共空间、二层的庭院以及连接江滨步道的天桥组织在一起，成为城市公共空间的一部分。

左：龙美术馆入口空间与煤料斗
右：安东尼·葛姆雷“静止中移动”展大厅现场

左：龙美术馆二层楼梯与外窗
右：地下一层展厅

Shanghai Modern Art Museum | rebirth from rilics

项目地点：上海浦东老白渡滨江

建筑面积：9180 m^2

设计团队：柳亦春、陈屹峰、王伟实、沈雯、陈昊、王龙海、陈晓艺、丁洁如、周梦蝶、张准

设计时间：2016 年 2 月～2016 年 10 月

建成时间：2016 年 12 月

艺仓美术馆｜废墟的重生

工业文明是上海城市发展自身现代性的重要部分。随着后工业时代的城市功能的更新，诸多的工业建筑，作为上海城市发展史的重要部分，拆除还是改造以及如何改造，是一个有意义的话题。在上海，有无数的工业建筑因为工厂的搬迁而成为临时的废墟，它们有的会保留，大多数则会被拆除，并在原址建设新楼，或者公共绿地。不过在黄浦江的两岸，随着 2017 年浦江公共空间贯通计划的推进，人们已经意识到将更多工业建筑保留的空间与文化价值。

老白渡煤仓改造早于 2015 年前即已开始，当时面临过险些被拆除的命运，好在 2015 年第一届上海城市空间艺术季在这里安插了一个案例展的分展场，策展人冯路和柳亦春将工业建筑的改造再利用作为主题，在原本被部分拆除的煤仓废墟中，借助于影像、声音和舞蹈，举办了一次题为“重新装载”的艺术与建筑相结合的空间展览，让人们能设身处地地意识到工业建筑的价值，以及将煤仓变身为公共文化空间的意义。煤仓的物业持有者及其未来美术馆的进驻方在这次废墟中的展览看到了工业建筑粗砺的表面与展览空间相结合的可能性与力量，欣然接受了基于保留主要煤仓空间及其结构的改造原则，不仅把原来的画廊升级为美术馆，更是直接将美术馆命名为“艺仓”美术馆。

然而升级后的艺仓美术馆对于展览空间面积的需求远大于现有煤仓空间面积，为更好地组织空间，并极小地破坏现有煤仓结构，设计采用了悬吊结构，利用已经被拆除屋顶后留下的顶层框架柱，支撑一组巨型桁架，然后利用这个桁架层层下挂，下挂的横向楼板一侧竖向受力为上部悬吊，一侧与原煤仓结构相连作为竖向支撑，这样既完成了煤仓仓体作为展览空间的流线组织，也以水平的线条构建了原本封闭的仓储建筑所缺乏的与黄浦江景观之间的公共性连接。略微错动的横向层板既作为空间也作为景观，仿佛暗示了黄浦江的流动性特征。而呈 V 字形编织的纤细的竖向吊杆也赋予了改造后的艺仓美术馆以特别的形式语言，它与既有的直上顶层的钢桁架楼梯通道的外观形式也取得了很好的协调。

煤仓并非孤立的构筑物，它原本和北侧不远处的长长的高架运煤通道是一个生产整体。作为浦江贯通中的老白渡绿地景观空间，煤仓和高架廊道的更新是新的滨江绿地公园的一部分，并成为一个更重要的话题和起点。如何将既有的工业构筑物有效保留，既呈现它作为工业文明遗存物的历史价值，又赋予新的公共性及其服务功能，是设计必须解决的任务。高架廊道也采用了悬吊钢结构系统，这个钢结构利用原有的混凝土框架支撑，既作为原

有结构的加固和高处步行道的次级结构，又作为高架步道下点缀的玻璃服务空间顶盖的悬吊结构，这样，这些玻璃体不再需要竖向支撑，在这种纤细轻巧的结构和原本粗粝的饱经沧桑的混凝土结构间呈现时间张力的同时，也获得了极好的视觉通透性，极大地保证了景观层面的空间感。

作为老白渡景观绿地的一部分，整个煤仓和高架廊道在满足新的文化服务功能、构建新旧关系并置的同时，如何建立浦江贯通中一处重要的公共空间节点，是设计更为潜在的任务。高架的步道、步道下的玻璃体艺术与服务空间、上下的楼梯、从一方水池上蜿蜒而过的折形坡道、直上三层的钢桁架大楼梯、在大楼梯中途偏折的连接艺仓美术馆二层平台的天桥、美术馆在闭馆后仍能抵达并穿越的各层观景平台与咖啡吧、穿过美术馆后南侧的折返坡道与公共厕所，都在构建独特的属于老白渡这个工业煤炭渡口区域城市更新后的公共性与新的文化形象。它将公共的美术馆功能与原有的工业遗构有效结合，在满足美术馆内部功能的同时，又赋予公共空间以极大的自由度，这也为美术馆在新时期的运营带了新的可能性。

人们在沿江平台经过时，可以看到原状保留的煤仓漏斗，进入美术馆内部，除了期待在里面正在发生的精彩展览之外，不断进入人们视野的旧时煤仓的结构也同时作为另一种永不落幕的展览，作为艺仓美术馆的空间内核，向人们讲述这个地点曾经的历史故事。最重要的是，这些曾经的废墟是作为一种“活物”而不是“死物”被留存在新的生命体内。

左：美术馆的平台与天桥
右：美术馆一楼大厅

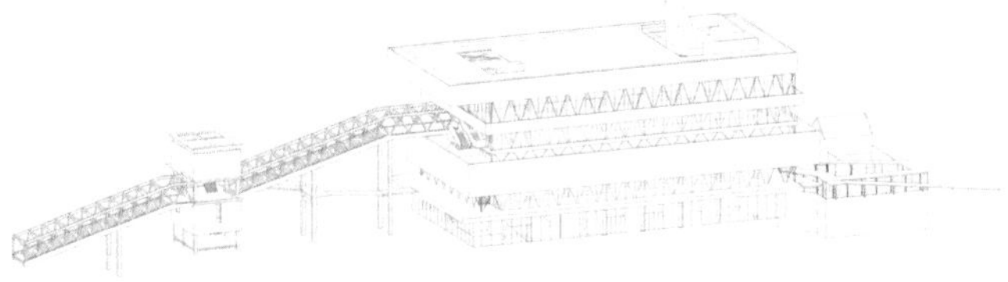

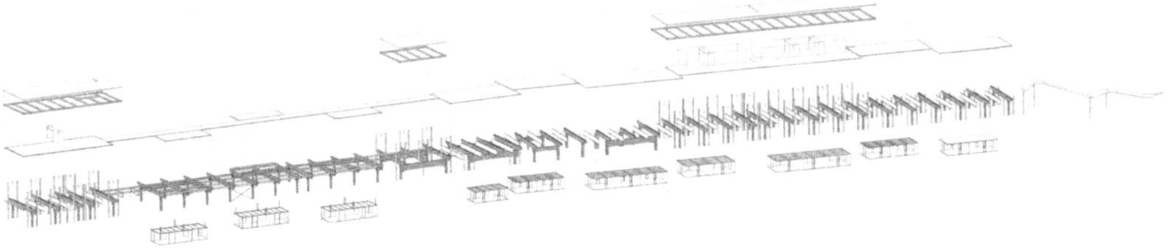

左：架构轴测图
右：连接建筑与滨江公共空间的坡道

左：结构与空间的新旧共生
右：廊道沿江局部立面

Atelier Deshaus Office on West Bund | a village house in the city

左：雨中的露台与屋顶天窗

项目地点：上海市徐汇区龙腾大道2555号16弄
建筑面积：430 m²
设计团队：柳亦春、陈屹峰、王伟实、王龙海
设计时间：2014年11月～2015年4月
建成时间：2015年11月

大舍西岸工作室｜都市里乡下的家

大舍工作室建在原来的上海飞机制造厂场地内，紧邻一个被保留并临时改造为西岸艺术中心的大厂房，还有一些小体量的坡顶仓库建筑被临时改造为艺术家工作室以及画廊。新的工作室也将是一个寿命只有5年的临时建筑，但我们仍然愿意去建造一个和这个场所气质相关的建筑，但要成本较低，且可快速建造。

基地原来是一个混凝土地坪的停车场，停车场上有一些树木，既有为了停车场遮荫新移植的，也有原来厂区留下的有些年头的大树。工作室就选址在停车场那些树木的空隙中，并且挑了三棵原来厂区的大树——一棵雪松和两棵梧桐围合或依靠在院中屋边。在这个相地的过程中，其实建造的企图已经开始：利用停车场的混凝土地坪，免去新造结构基础的开支；利用三棵颇有年份的树木，建立与自然的风景以及早先的飞机制造厂在时间上的关联。

设计采用墙体结构，就可以直接利用混凝土地坪作为建筑的基础，而墙体结构也恰好能对应于工作室所必需的会议、模型制作、行政办公、储藏等小面积的功能空间。建筑的二层则采用了符合大空间办公使用的轻钢结构。根据办公桌的空间布局和使用，最终确定了结构的间距及其和窗户的关系，因而结构的逻辑里隐含了使用的空间要素，这些结构也同样在氛围上和这个地方所具有的工业气质相吻合。二层的轻钢结构通过将钢立柱置于窗户的中央，不仅将规避冷桥的任务交给了窗户，而且也使结构框架得以在室内被完整地阅读出来。

基地内有三棵大树被小心地围合在建筑的内院里，因为避让所产生的弯曲屋面和有意对景的天窗与外窗，强化了建筑与环境的整体感。有一天傍晚，90岁的印度建筑师多西来访，他进入工作室一层的“客厅”，面向内院坐下，马上说了一句：“你把灯都关掉。”当室内的光线一下子变暗的时候，多西说：“你看，这几个开口（他面对的门、窗、门洞和天窗），让暮色充满了这个空间的内部，梧桐树也是这个屋顶的一部分了，多么诗意的空间。”

露台是湿的，雨刚停，折角的汇水处还在滴水，落在树下从别的工地捡回来的弯的金属管里，水被导至树根的位置。冬日深色的梧桐树的枝杈倒映在表面还饱含水分的露台上，屋顶银色的波纹金属板和亮白的天空几乎混在了一起，天窗里透出温暖的黄色灯光，天色渐渐暗了下来……

工作室是都市里位于乡下的家。

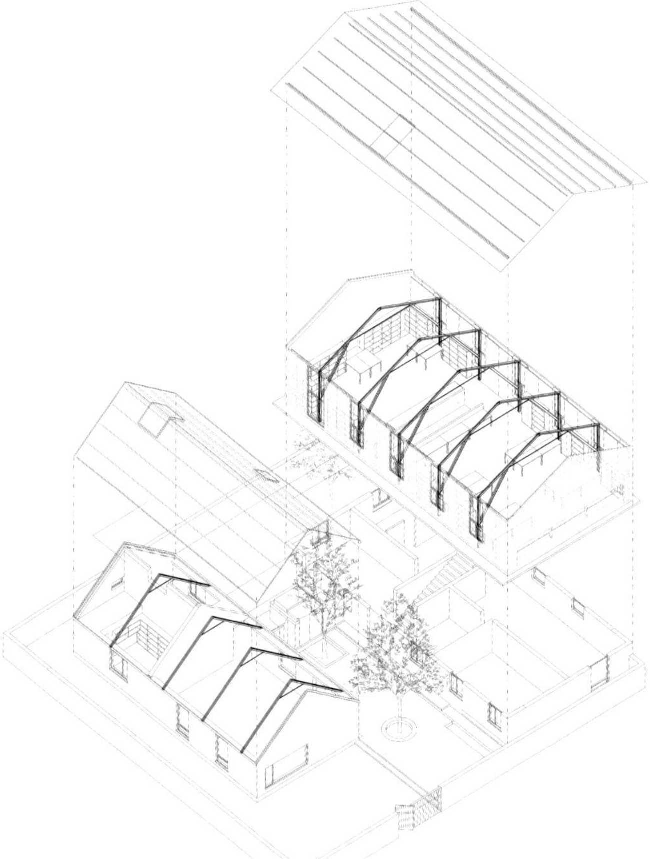

左：架构轴测图
右：二层办公空间

左：一层公共生活空间
右：一层会议室空间（客厅）

Tea House in Li Garden | interdependence, borrowing, suitability, appropriateness

项目地点：上海徐汇区龙腾大道
建筑面积：19m²
设计团队：柳亦春、陈屹峰、沈雯、张淮、王伟实
设计时间：2015 年 9 月～2015 年 12 月
建成时间：2016 年 6 月

例园茶室｜因借体宜

计成在《园冶》的《兴造论》一章里提到的园林建造的四个字——“因借体宜”，对于如何展开建造可谓提纲挈领。因，是依据，既要因人，也要因地。在这个小院子里造一个茶室，这一整件事情，本质也就是在兴造一个园林。园林的主人，也就是例外服饰品牌的创始人毛先生，是个对东方美学文化很感兴趣的人，这个茶室虽然是由建筑师设计，其空间格调也是要能符合主人的性情的。

茶室坐落在一个面积只有 110m^2 左右的小院内，院子里有一棵高高的泡桐树。不大的院子里还有两个和旁边办公楼相连的楼梯，如何让茶室以最小限度占据院落空间是设计的一个重点。

在位置的经营上，茶室位于何处着实关键，虽然院子不大，还是曾在两个位置犹豫不决。最后的决定是让茶室尽量靠近院子西北角的泡桐树，树冠很高，所以直径约为 90cm 的树干也将化为茶室内重要的空间构件。借助贴近的后墙，茶室后侧的小院空间也就有机会归入茶室的室内，从而可以尽量压缩茶室本身的面积。

设计着意选取了较细的结构杆件，无论竖向还是横向，都采用了统一尺寸（60mm）的方形断面钢管，这样在满足受力的同时，又有机会进行形式构成的推敲，使其既是建筑结构构件，也能较好地适应家具的尺度，从而与人的身体建立更为亲密的关系。

对空间上的另一个重要处理，是把茶室的占地面积尽量缩小，这是通过四层悬挑做到的。第一层悬挑是基座的处理，基座看上去是悬浮于地面的，以便产生更小的占地感，事实上它更像一个“盘子”，盘边出挑产生悬浮

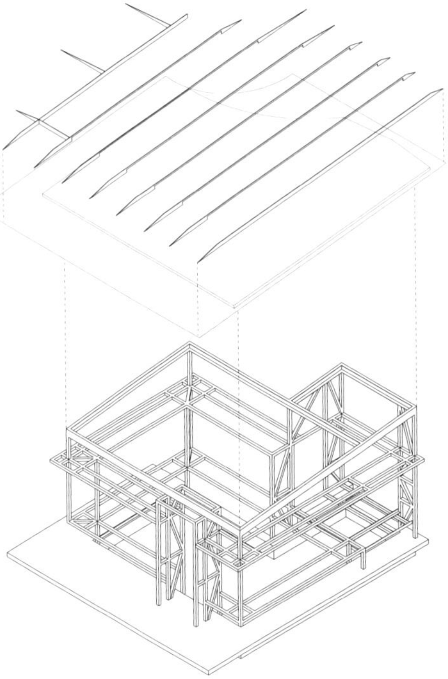

感来处理基座和地面、和围墙以及东侧的楼梯之间逼仄的间距关系，而下凹的盒体，既是基础，也是容纳地面送风的空调管道空间。第二层悬挑位于离地 45cm 的位置，作为座凳的水平板上部归为室内，下部归为室外，当然，在面对庭园的南侧，座凳被置于茶室外侧。第三层悬挑位于离地 1.8m 的位置，这样可以相对扩大茶室的内部空间感受，而茶室的外部檐廊下也不会影响人的活动。第四层悬挑是屋面的覆盖，它在南侧、北侧及西侧都定义了不同的外部空间。茶室占地 19 ㎡，而屋面覆盖则达到 40 ㎡，向不同方向延展的屋面加强了茶室和庭园的空间关系。屋顶是 8mm 厚的钢板，屋顶保温板上翻并由钢板反肋固定，以保持屋面钢板平整。

尽管茶室有自身的占地，有几乎覆盖了一半院子空间的屋顶，但是这个院子在茶室建成后似乎变大而不是变小了。当室内外的空间被细分，以更为精细的尺度细分，但最终它们仍旧是一个整体时，它们实质上就产生了互为因借的关系，茶室和院子共同成为一个完整的“园子”，它们相得益彰，得体合宜。

左：架构轴测图
右：面对庭院的廊下空间

左：茶室檐下局部

右：从茶室室内看庭院

左：傍晚的茶室
右：从后院穿透茶室看前院

代表项目一览表（担任主持建筑师与设计负责人）
selected works

2004 东莞理工学院电子系馆 / 东莞市松山湖新区

2009 杭州西溪湿地艺术村E酒店 / 杭州市西溪湿地

岳敏君工作室及住宅 / 上海市嘉定区

上海徐汇宁国禅寺（设计竞赛第一名）/ 上海市徐汇区

2010 大裕艺术家村 / 上海市嘉定区

2011 上海嘉定螺旋艺廊 I / 上海市嘉定区

龙华寺综合改造D地块迎宾馆（设计竞赛第一名）/ 上海市徐汇区

2012 青浦青少年活动中心 / 上海市青浦区

2014 上海龙美术馆西岸馆 / 上海市徐汇区龙腾大道

上海西岸江边餐厅 / 上海市徐汇区

雅昌（上海）艺术中心（合作艺术家：丁乙）/ 上海市嘉定区

上海西岸艺术中心 / 上海市徐汇区

赫尔辛基古根海姆博物馆（方案）/ 芬兰赫尔辛基

2015 花草亭（合作艺术家：展望）/ 上海市徐汇区

大舍西岸工作室 / 上海市徐汇区龙腾大道

上海嘉定桃李园中学 / 上海市嘉定区

梦想改造家“水箱之家” / 上海市黄浦区

2016 例园茶室 / 上海市徐汇区

艺仓美术馆 / 上海市浦东老白渡滨江

上海日晖港步行桥（合作结构设计：大野博史）/ 上海日晖港

2017 浦东美术馆（方案）/ 上海市浦东陆家嘴

蓬皮杜中心西岸馆（方案）/ 上海市徐汇区

上海民生码头八万吨筒仓改造工程 / 上海市民生路 3 号

上海徐汇中学华发路南校区 / 徐汇区华泾镇

台州当代美术馆 / 台州市椒江区

上海少年儿童图书馆新馆（方案）/ 上海市普陀区

2018 瑞士诺华上海园区二期 7、9号楼（方案）/ 上海市张江新区

瑞士诺华上海园区二期 68号楼（设计竞赛第一名）/ 上海市张江新区

阿那亚金山岭上院（施工中）/ 河北承德市

阿那亚金山岭桥（施工中）/ 河北承德市

建设者之家 / 上海市徐汇区

后舍，China house vision / 北京鸟巢广场

2019 荆门龙美术馆（施工中）/ 湖北荆门市

琴台美术馆（施工中）/ 武汉市汉阳区

注：以上作品设计单位为大舍建筑设计事务所，主要合作者有陈屹峰、庄慎、范蓓蕾、王龙海、沈雯、陈晓艺、陈昊、王伟实等

版权信息： 田方方 P.20-21, 28, 30, 31, 33, 34-35, 36. 37, 46, 50, 51, 52, 53
苏圣亮 P.22, 24-25, 26, 27 陈灏 P.38, 41, 42-43, 44, 45 柳亦春 P.23
本书由大舍独立设计，图纸均由大舍提供。

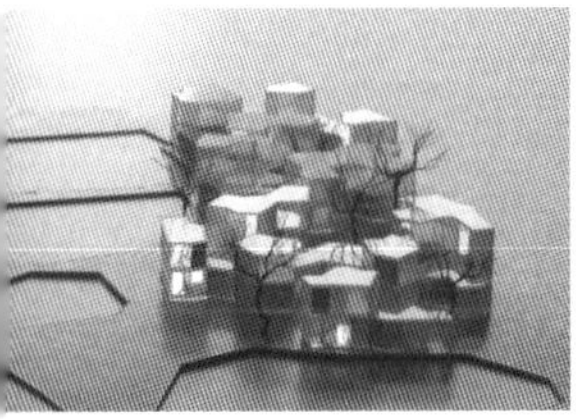

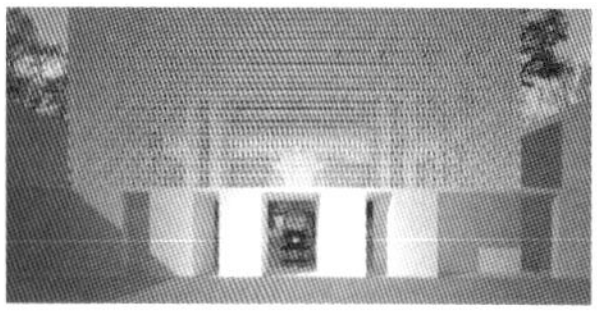

AWARDS AND ACADEMIC ACHIEVEMENT

04 奖项及学术成果

主要获奖经历 awards

2000 主持设计的上海春申城四季苑获建设部城市住宅建设优秀试点小区"建筑设计"金牌奖
2010 与陈屹峰共同获法国 AS Studio“中国新锐建筑创作奖”
2011 与陈屹峰共同主持的大舍建筑设计事务所被美国建筑师协会会刊《建筑实录》评选为年度全球 10大“设计先锋”之一
2014 主持设计的龙美术馆西岸馆获英国 AR Emerging Awards 年度建筑奖
香港设计中心的“为亚洲而设计”的年度设计银奖；
2015 伦敦设计博物馆年度设计奖的提名和德国设计协会 ICONIC best of best 设计大奖
福布斯“中国最具影响力设计师”
2016 中国建筑学会公共建筑类建筑设计创作金奖
2019 中国最佳商业领袖奖“年度思想者”

主要论著文章 articles

《窗非窗，墙非墙——张永和的建造与思辩》，时代建筑（T+A）2002/5
《Shanghai Architects》，a+u(日本)2005/5
《评西班牙建筑 1997 － 2007》，西班牙建筑（1997 － 2007），中国电力出版社
《情境的呈现——大舍郊区实践》(合著：陈屹峰)，时代建筑（T+A）2012/1
《抽象的园林》（合著：陈屹峰），domus 中文版 061(2012/1)
《从具体到抽象、从抽象到具体》，建筑师 第 161 期（2013/2）
《像鸟儿那样轻》，建筑技艺 2013/2
《龙美术馆西岸馆》,domus 中文版 083（2014/1）
《在时间中建造空间——记龙美术馆西岸馆》，文汇报
《介入场所的结构——龙美术馆西岸馆的设计思考》建筑学报 2014/6
《结构为何？》建筑师 第 174 期(2015/4)
《内在的结构与外在的风景》时代建筑 2016/2
《例园茶室兴造记》 时代建筑 2017/5 （第一作者，合著，沈雯）
《方位、结构、身体、尺度：对话例园茶室》时代建筑 2017/5（合著：坂本一成）
《时间与地点的再定义——民生码头八万吨筒仓建筑的临时性改造与再利用》时代建筑 2018/1
《Responsive Structure——Architecture as a Thing-scape》Architectural Design(英)2018/06
《台基、柱梁与屋顶 - 从即物性视角看佛光寺建筑的三个要素》建筑学报 2018/9

主要讲座 lectures

2003 法国当代中国建筑观察站，“积累经验”
2008 法国建筑与遗产之城博物馆，“组织建筑”
2009 上海交通大学，“与情与理”
2010 同济大学建筑城规学院，“重构江南”
法国法兰西建筑学院，“建筑、记忆、相遇”
中央美术学院，“记忆的回响”
2012 东南大学建筑学院，“像鸟儿那样轻”
华南理工大学，“具体与抽象”

2013 哥伦比亚大学北京建筑中心，“即境即物、即物即境”
2014 香港大学，“结构的意义”和“混凝土的建造”
2016 上海当代艺术博物馆，“结构为何”
哈佛大学设计学院，“Structure Matters”
2017 香港中文大学，“Structuring with Landscape and Mindscape”
中国美术学院，“结构与风景”
2018 天津大学建筑学院，“内在的结构与外在的风景”
法国里昂美术学院，“Redefining Time and Place”

主要参展经历 exhibitions

2002 “都市营造”上海双年展
2003 “那么，中国呢？”法国巴黎蓬皮杜中心当代中国艺术展
“建与筑”德国杜塞多夫当代中国建筑展
2004 “东南西北”法国波尔多 arc en reve画廊建筑展
2005 “城市，开门”深圳城市/建筑双年展，深圳OCAT艺术中心
2006 “当代中国”建筑与艺术展 荷兰建筑学院（NAI）鹿特丹
2008 “创意中国”当代中国设计展，伦敦V&A博物馆
“建筑乌托邦”中国新锐建筑事务所设计展，布鲁塞尔CIVA建筑与都市中心
“位置”中国新生代建筑师肖像，巴黎夏佑宫法国国家建筑与遗产之城博物馆
2009 “中国当代建筑展”，西班牙加的斯建筑学院
2010 “中国新锐建筑创作展”，威尼斯建筑双年展CA' ASI艺术馆
“中国当代建筑展”，布拉格捷克技术大学建筑学院
2011 “物我之境：田园/城市/建筑” 成都双年展，成都工业文明博物馆
“城市创造” 深圳•香港城市/建筑双城双年展
2012 米兰三年展
“书•筑”展，东京代官山 Hillside Forum中日韩
2013 “Eastern Promises”维也纳MAK当代东亚建筑与空间实践展
“即物即境”X微展系列——大舍个展，哥伦比亚大学北京建筑中心
2014 “应变-中国的建筑与变化”第14届威尼斯建筑双年展平行展，威尼斯EMG大使馆
“大声展”，新锐艺术与设计双年展，北京三里屯
日本建筑学会AND结构模型中国展，同济大学建筑学院
2015 2015年度设计奖提名作品展，伦敦设计博物馆
上海城市空间艺术季暨西岸建筑与艺术双年展，上海西岸艺术中心
“1+1”上海城市空间艺术季空间展，上海市雕塑艺术中心
2016 “再兴土木”建筑展，柏林Aedes画廊
“New Museums”，瑞士日内瓦艺术与历史博物馆
2017 “当代世界的建筑家”建筑展，东京GA Gallery
2018 “方丈记私记”，越后妻有大地艺术祭三年展，日本里山美术馆
“中国，建造遗产”展，法国里昂美术学院/里昂市政府
“China House Vision”，北京鸟巢广场

后记 POSTSCRIPT

2018年12月，上海市建筑学会为“上海市杰出中青年建筑师”评选成立了编写工作组，正式启动了本书的编写工作。

本系列丛书由20位“上海市杰出中青年建筑师”提供相关素材，对自身的主要从业经历、建筑作品、获奖经历及学术成果等方面作了多样的展示与阐述。由于篇幅有限，不足以充分反映20位杰出中青年建筑师的创作思想和优秀作品，只概括地阐述了具有代表性的内容。

“上海市杰出中青年建筑师”评选活动的圆满举办得益于学会理事会、学术委员会、各会员单位、设计院所、高校以及社会各界的大力支持，在此向所有提供支持与帮助的单位和个人表示衷心的感谢。

在编写过程中我们还得到了许多著名建筑师的支持，他们亲自为各位中青年建筑师写序，意在鼓励和培养青年一代的成长，在此向他们表示感谢。同时，特别要感谢评选委员会的专家沈迪、魏敦山、时匡、汪孝安、赵元超、丁洁民，他们以科学严谨的工作态度圆满地完成了本次评选工作。

最后要感谢编委会、学会秘书处以及参与本次编写工作的所有工作人员，感谢你们的辛勤付出。

上海市建筑学会将秉持“坚守科技报国初衷，不辱时代发展使命”的理念，聚行业合力，共谱城市建设华章，携手市民大众共铸辉煌！

上海市建筑学会

上海市杰出中青年建筑师系列丛书

《上海市杰出中青年建筑师》系列丛书

按姓氏拼音排序

《上海市杰出中青年建筑师之一——薄宏涛》

《上海市杰出中青年建筑师之二——陈国亮》

《上海市杰出中青年建筑师之三——陈剑秋》

《上海市杰出中青年建筑师之四——陈　雷》

《上海市杰出中青年建筑师之五——崔中芳》

《上海市杰出中青年建筑师之六——郭建祥》

《上海市杰出中青年建筑师之七——胡世勇》

《上海市杰出中青年建筑师之八——李麟学》

《上海市杰出中青年建筑师之九——李　瑶》

《上海市杰出中青年建筑师之十——李振宇》

《上海市杰出中青年建筑师十一——刘宇扬》

《上海市杰出中青年建筑师十二——柳亦春》

《上海市杰出中青年建筑师十三——钱　平》

《上海市杰出中青年建筑师十四——任力之》

《上海市杰出中青年建筑师十五——戎武杰》

《上海市杰出中青年建筑师十六——宋照青》

《上海市杰出中青年建筑师十七——王文胜》

《上海市杰出中青年建筑师十八——张俊杰》

《上海市杰出中青年建筑师十九——章　明》

《上海市杰出中青年建筑师二十——曾　群》